സംഖ്യകളുടെ കഥകൾ

THE NUMBER STORY

SMALL BOOK ONE

ENGLISH - MALAYALAM

Numbers Teach Children Their Number Names

written and illustrated by

MISS ANNA

Early Reader Edition of *The Number Story 1*
Bronze Medal Winner, 2016 Wishing Shelf Book Award

Library of Congress Control Number: 2018902040

Names: Miss Anna, author.
Title: Number story : numbers teach children their number names / Miss Anna.
Description: Portland, OR: Lumpy Publishing, 2018.
Identifiers: ISBN 978-1-949320-07-7 | LCCN 2018902040
Summary: The pictures and rhymes present stories which introduce numbers 0-10.
Subjects: LCSH Numeration—English—Malayalam--Pictorial works--Juvenile literature. | BISAC JUVENILE NONFICTION /
Languages: English—Malayalam
Classification: LCC QA141.3 .M57 2018 | DDC 513—dc23

Publisher: Lumpy Publishing
Website: www.missannabooks.com
Email: missanna@missannabooks.com
Facebook: Miss Anna Lumpy

Paperback: ISBN 978-1-949320-07-7
Printed in the U.S.A.   1 3 5 7 9 10 8 6 4 2

Want to learn our number names?

നിങ്ങൾക്ക് സംഖ്യകളുടെ പേരുകൾ പഠിക്കാൻ ഇഷ്ടമാണോ?

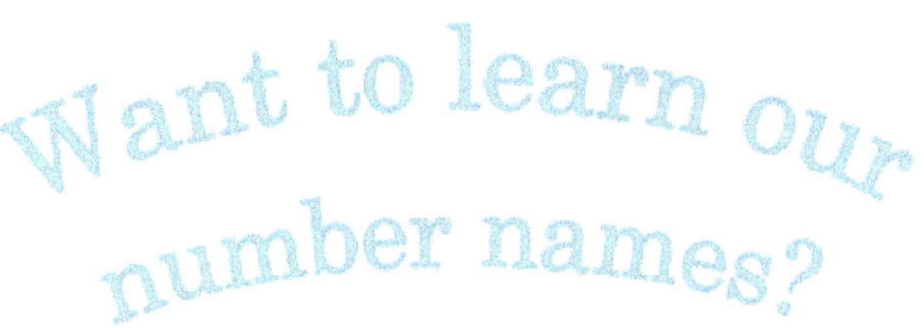

It is very easy and a lot of fun!

ഇത് വളരെ എളുപ്പവും ഒരുപാട് തമാശകൾ നിറഞ്ഞതുമാണ്!

Say-along our little jingle

ഞങ്ങളുടെ കൂടെ ഈ കുഞ്ഞു കഥ പറയൂ!

starting from Number One!

നമുക്ക് ആദ്യത്തെ സംഖ്യയായ
ഒന്നിൽ നിന്നു തുടങ്ങാം!

1

 looks like my one finger.

൧ ☆ ഒന്ന്

ഇത് എന്റെ ഈ ഒരു വിരൽ
പോലെയാണിരിക്കുന്നത്.

ONE!
ഒന്ന്!

2
TWO   trails a tail.
വ ☆ രണ്ട്
ഇതിനു ഒരു വാലുണ്ട്.

A TAIL! ഒരു വാൽ!

3

THREE has bumps.

ന്ന ☆ മൂന്ന്

ഇത്തൊരു കുന്നുപോലെയാണ്.

BUMPY!

ആ പച്ച കുന്നിലേക്ക് നോക്കൂ!

4

FOUR carries a sail.

൪ ☆ നാല്

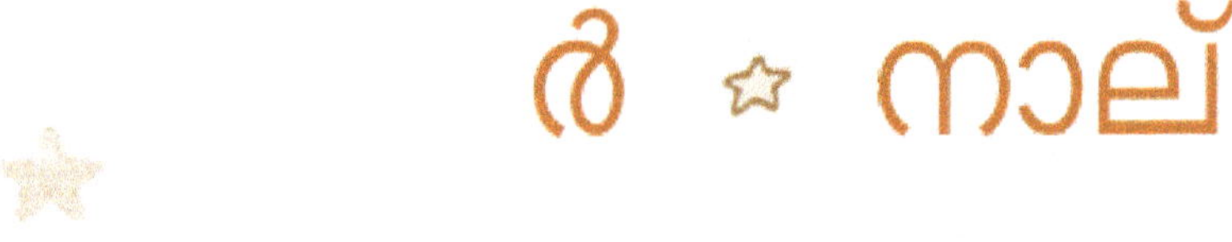

ഇതൊരു പായ്ക്കപ്പലാണ്.

4
A SAIL!
പായ്ക്കപ്പൽ!

5

FIVE   is a racing track.

ദ ☆ അഞ്ച്

ഇത് ഒരു റേസിംഗ് ട്രാക്കാണ്.

VROOM
VROOM!

6

SIX   curves like a snail.

ന്ന ☆ അറ്

ഇത് ഒരു ഒച്ചിനെപ്പോലെ
വളഞ്ഞിരിക്കും.

A SNAIL! ഒരു ഒച്ച്!

7

BE CAREFUL! IT'S SHARP!

സൂക്ഷിക്കണേ! ഇതിനു ഭയങ്കര മൂർച്ചയാണ്!

8

EIGHT   is rollercoaster rails.

വ ★ എട്ട്

ഇത് ഒരു റോളർകോസ്റ്റർ
റെയിൽപാതയാണ്.

ေယယ်!
YIPPEE!

9

ന് ☆ ഒമ്പത്

ഇത് ഒരു വടിയുടെ മുകളിലെ
കുമിള പോലെയാണ്.

A BUBBLE!

ഒരു കുമിള!

10

ധ ☆ പത്ത്

ഇത് തിമിംഗലത്തിന്റെ ഒരു കണ്ണാണ്.

WINK! കണ്ണുചിമ്മൽ!

HELLO! ഹലോ!

And
പിന്നെ

0

ZERO   is an empty pail.

0   പൂജ്യം

ഇത് ഒരു ഒഴിഞ്ഞ പാത്രമാണ്.

IT'S EMPTY!
ഇതിൽ ഒന്നുമില്ല!

Thank you for playing with us today.

We had a lot of fun too!

ഇന്ന് ഞങ്ങളുടെ കൂടെ കളിച്ചതിന് നന്ദി.

നമ്മൾക്കു ഒരുപാട് തമാശകൾ ഉണ്ടായിരുന്നു

ഈ കളിയിൽ!

We are your Number friends,
Zero to Ten,
Who will be here for you~

ഞങ്ങൾ നിങ്ങളുടെ കൂട്ടുകാരാണ്
പൂജ്യം മുതൽ പത്ത് വരെ.
ഞങ്ങൾ എപ്പോഴും നിങ്ങൾക്കായി
ഇവിടെയുണ്ടാകും.

Bye-bye now! See you again soon!

ഇപ്പോഴത്തേക്ക് ബൈ-ബൈ!
നമുക്ക് വീണ്ടും കാണാം!

The Numbers are *SINGING* too!

To sing-a-long, look for Miss Anna Number Story
at your favorite music store like iTUNES.

MP3

Numbers 0-10
IDENTIFYING
& COUNTING

Numbers 11-20
& Ordinals

first, second, third...

Numbers 0-100
& Place Values

ones, tens, hundreds...

About Clocks
& Telling Time

hours, minutes, seconds

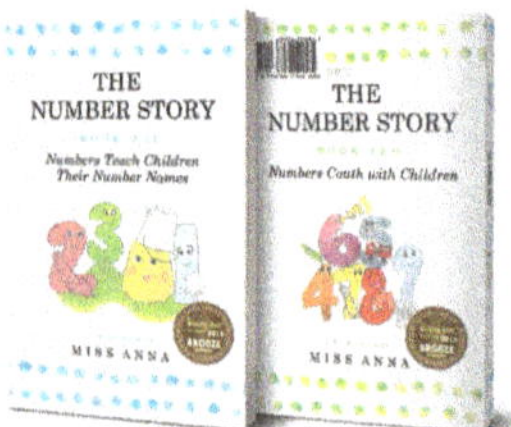

Number Story 1 & 2

isbn: 978-0-996216-48-7

Number Story 3 & 4

isbn: 978-1-945977-01-5

Number Story 5 & 6

isbn: 978-1-945977-06-0

Number Story 7 & 8

isbn: 978-1-949320-40-4

For more Miss Anna books to love,
visit us at

www.missannabooks.com

Numbers are working hard all over the world!
Come Travel the World with Us!

9 781949 320077